BEI GRIN MACHT SICH IHR WISSEN BEZAHLT

Tobias Kauf

Dienstleistungssektor der Philippinen

GRIN Verlag

Bibliografische Information der Deutschen Nationalbibliothek:

Die Deutsche Bibliothek verzeichnet diese Publikation in der Deutschen National-
bibliografie; detaillierte bibliografische Daten sind im Internet über http://dnb.d-
nb.de/ abrufbar.

Impressum:

Copyright © 2007 GRIN Verlag GmbH
Druck und Bindung: Books on Demand GmbH, Norderstedt Germany
ISBN: 978-3-640-20725-1

Dieses Buch bei GRIN:

http://www.grin.com/de/e-book/117548/dienstleistungssektor-der-philippinen

GRIN - Your knowledge has value

Der GRIN Verlag publiziert seit 1998 wissenschaftliche Arbeiten von Studenten, Hochschullehrern und anderen Akademikern als eBook und gedrucktes Buch. Die Verlagswebsite www.grin.com ist die ideale Plattform zur Veröffentlichung von Hausarbeiten, Abschlussarbeiten, wissenschaftlichen Aufsätzen, Dissertationen und Fachbüchern.

Besuchen Sie uns im Internet:

http://www.grin.com/

http://www.facebook.com/grincom

http://www.twitter.com/grin_com

Johannes Gutenberg-Universität Mainz

Geographisches Institut

Große Exkursion Philippinen 2007

Dienstleistungen auf den Philippinen

Tobias Kauf

Studienfächer: HF Geographie (7 FS), 1.NF Publizistik (6 FS), 2.NF Soziologie (5 FS)

Inhaltsverzeichnis

1 Einleitung

Der Inselstaat der Philippinen umfasst über 7000 Inseln, darunter knapp mehr als 800 bewohnte Eilande. Der ca. 300.000 km² große Naturraum innerhalb der niederen Tropen ist Teil einer submarinen Gebirgskette zwischen der philippinischen und der eurasischen Platte. Dieser stark zergliederte Naturraum beheimatet über 86.000.000 Menschen, welche erst seit 60 Jahren in einer unabhängigen, präsidalen Demokratie leben. Geprägt durch Jahrhunderte des Kolonialismus und der wirtschaftlichen und sozialen Ausbeutung, gehören die Philippinen heute zu den ärmeren Ländern der Erde, deren Bewohner man trotz großer wirtschaftlicher und sozialer Defizite zu den glücklichsten der Erde zählt. [REESE 2006]

Dennoch leben über 40% der Bevölkerung unter der Armutsgrenze von zwei Dollar am Tag und leiden oftmals Hunger, was zum Einen auf die immer noch nicht zu Ende gebrachte Agrarreform, zum Anderen auf das seit Jahren anhaltend hohe Bevölkerungswachstum (zur Zeit 2,2%) zurück geführt wird. Der Verstädterungsgrad der Bevölkerung liegt bei 59% (Deutschland 87%), alleine in Manila leben 13 % der gesamten Bevölkerung. Die Arbeitslosenquote liegt laut Statistik [NSBC] nur bei knapp 7%, jedoch ist zu beachten, dass seit 2005 ein neuer Maßstab der an die Internationale Arbeitsorganisation (ILO) angelehnten Definition von Arbeitslosigkeit existiert. Voher betrug die offziell angegebene Arbeitslosigkeit über 11%. Als unterbeschäftigt gelten 21% der Bevölkerung, welche also Vollbeschäftigung suchen, aber nur eine Teilzeitbeschäftigung finden konnten. [http://www.nationmaster.com/ country/rp-philippines 20.10.06]

Insgesamt gesehen sind die Philippinen ein Staat mit großen räumlichen Disparitäten. Agrare Substitenzwirtschaft in Nord-Luzon, indigene Völker der Nord-Kordilleren und auf Palawan und Cash Crops Anbau auf Mindanao prägen das Bild Landes genau so, wie die großen industriellen Zentren Cebu oder Manila, welche gerade innerhalb des Dienstleistungssektors einen enormen Aufschwung erfahren. Diesen Sektor möchte ich innerhalb dieser Hausarbeit genauer beleuchten und hinterfragen.

2 Wirtschaftslage und –Struktur

Die philippinische Wirtschaft weist die für viele Entwicklungsländer typische Zweiteilung auf. Moderne Elektronik-Industrie und boomender Dienstleistungssektor auf der einen Seite, Armut und Agrarsubstistenz, in der immer noch 40 % der Bevölkerung beschäftigt sind, andererseits.

Die Landwirtschaft beschäftigt zwar noch 40% aller Arbeitskräfte, ihr Anteil am Sozialprodukt (92.190.000.000 US$) beträgt jedoch nur noch 19 %, was auf den hohen Anteil der Subsistenzlandwirtschaft zurückzuführen ist. Der größte Anteil am Sozialprodukt der Landwirtschaft wird durch die großen Cash Crops Plantagen auf Mindanao (Inhaber: Dohle) erwirtschaftet. [Auswärtiges Amt; REESE 2006; NSBC]

Die Industrie trägt ca. 31 % zur Entstehung des Sozialprodukts bei. Ein wichtiges Standbein ist dabei die Elektronik-Industrie. Das Assembling im Bereich Halbleiter und elektronische Bauteile macht ca. zwei Drittel der philippinischen Exporte aus. Auf mittlere Sicht ist mit erheblichem Wachstum im Bergbau zu rechnen, da auf Mindanao große Lagerstätten an Gold, Kupfer und Nickel gefunden wurden. Eine nachhaltige, für die Bevölkerung nützliche Umsetzung des Abbaus dieser Rohstoffe kann aber nur gewährleistet werden, wenn die Region in Zukunft politische und wirtschaftliche Stabilisierung erfährt. [Auswärtiges Amt; REESE 2006; NSBC]

Der Dienstleistungssektor trägt 50 % zur Entstehung des Bruttosozialprodukts bei. Einer der stärksten Sektoren ist die Telekommunikation. Unter dem Slogan Manila sei „Welthauptstadt des SMS-Versands", bemühen sich die Philippinen intensiv darum, zu einem IT-Hub in Asien zu werden. Neben der Montage elektronischer Bauteile spielt die Erbringung von IT-gestützten Dienstleistungen (business process outsourcing, call center) eine zunehmende Rolle. Insgesamt dürften gegenwärtig 120.000 Menschen in diesem Bereich beschäftigt sein, davon 70.000 in Call Centern. Mit enormen Wachstumsraten von 25 – 30 % ist in den nächsten Jahren zu rechnen. Zur Berechnung des Anteils des Dienstleistungssektors am BSP zählen ebenfalls viele Rücküberweisungen der im Ausland lebenden und arbeitenden Filipin@s. Etwa 10 Millionen „Overseas Filipinos" arbeiten in allen Teilen der Welt vornehmlich im Dienstleistungssektor als Krankenschwestern, Hausangestellte oder Seeleute, um nur einige Beispiele zu nennen. Nach Angaben der Weltbank wurden im Jahre 2004 ca. 7,9 Milliarden Dollar in die philippinische Heimat der Migranten überwiesen – das entspricht 1/12 des BSPs. Diese Überweisungen spielen sowohl für das Auskommen der Familien, als auch für die steigende Güternachfrage des Binnenmarktes eine große Rolle. [Auswärtiges Amt; REESE 2006; NSBC]

Ebenfalls im Aufwind befindet sich der Tourismus. Die Zahl der ins Land kommenden Touristen stieg im Vergleich zu 2004 um 14 % auf 2,5 Mio. Sollte die Wachstumsrate gehalten werden, könnten 2010 schon 5 Millionen Touristen ins Land kommen.

Der direkte Einfluss des Staats auf das Wirtschaftsleben ist seit der Präsidentschaft von Gloria Macapagal-Arroyo, kurz GMA, liberalisiert worden. Das hat zwar zu einer enormen Steigerung der ADI geführt, der Nutzen für einen endogenen Wirtschaftsaufschwung bleibt aber eher begrenzt. [REESE, 2006] Die Folgen der Liberalisierung vieler Bereiche der philippinischen Gesellschaft möchte ich im Verlauf dieser Arbeit immer wieder aufgreifen.

Nachfolgend möchte ich in Tab. 1 einen Vergleich wichtiger Wirtschaftsdaten mit anderen Ländern anführen. Anzumerken sind die unterschiedlichen Werte innerhalb der sektoralen Prozentwerte im Vergleich zum geschriebenen Text. Die Abweichung bestimmter Angaben oder Prozentwerte sind auf verschiedene Quellen zurückzuführen und konnten leider nicht objektiv hinterfragt werden.

Tab.1 Verschiedene wirtschaftliche Eckdaten

	Wirtschafts-wachstum in %	BSP/Einw. in US $	Inflation in %	Anteil LWS am BIP (%)	Anteil Ind. am BIP (%)	Anteil Dienstl. am BIP (%)
Philippinen	5,9	1.049,0	5,5	14,9	31,8	53,3
USA	4,4	38.728,0	2,5	0,9	19,7	79,4
Deutschland	1,7	25.541,0	1,6	1,0	31,0	68,0
China	9,1	1.113,0	4,1	13,8	52,9	33,3
Indien	6,2	544,0	4,2	23,6	28,4	48,0
Thailand	6,1	2.110,0	2,8	9,0	44,3	46,7

Quelle: www.welt-in-zahlen.de ; eigene Zusammenstellung

3   Dienstleistungen auf den Philippinen

Nachdem der gesamtwirtschaftliche Bereich nun kurz beleuchtet wurde, möchte ich in diesem Kapitel einige verschiedene Dienstleistungen vorstellen. Da der Begriff Dienstleistungen sehr viele Ausprägungen annehmen kann, möchte ich mich auf die von mir als wichtig erachteten Bereiche beschränken, für welche auch Datenmaterial vorhanden ist. Während der Recherche meiner Daten stand ich grundsätzlich vor dem Problem, dass fast ausschließlich auf nationaler Ebene   hinreichendes Datenmaterial vorhanden war. Dieses Informationsdefizit stellt auch die vorhandenen und anlaufenden Planungsvorhaben auf den Philippinen vor große Probleme. Auf die individuellen Schwierigkeiten der Datenlage für die von mir vorgestellten Bereiche werde ich dann aber im Verlauf der einzelnen Punkte nochmals zurückkommen.

3.1 Öffentliche Dienstleistungen

3.1.1 Bildung

Bildung ist in den Philippinen sehr hoch angesehen. Sie gilt als bester Weg aus der Armut, als Hauptressource für sozialen Aufstieg und als Produktionsmittel für gesellschaftliches Prestige. Eltern versuchen dementsprechend viele Ressourcen für die Bildung ihrer Kinder zu mobilisieren - die Aufnahme hoher Kredite inklusive.

Prozentual sind die Ausgaben für Bildung mit ca. 19% des Staatshaushaltes enorm hoch. Dennoch entspricht das nur ca. 32 US$/Kopf (Vergleich Deutschland: ca. 8,5% des Haushaltes > 1.454 US$/Kopf). [Welt in Zahlen]

Das Bildungssystem ist dem amerikanischen System nachempfunden. Der Unterricht findet in englischer Sprache statt, wovon die Philippin@s auf dem Weltmarkt großes Kapital schlagen. Nach 6-jähriger Grundschule (Elementary School) folgen vier Jahre Sekundarschule (High School). SchülerInnen mit High School Abschluss können sich an einem College bewerben und anschließend eine Universität besuchen. Die Elementary School und die Secondary School sind kostenlos – sofern sie von der öffentlichen Hand finanziert werden. Insgesamt gibt es auf den Phillipinen ca. 42.000 öffentliche und 8.000 private Schulen (Elementary und Secondary kumuliert). Der räumliche Zugang zu den Schulen ist für die rurale Bevölkerung oftmals erschwert, da es in vielen Dörfern keine Grundschulen gibt. Damit gehen hohe Transportkosten einher oder die Kinder laufen täglich weite Strecke. [REESE, 2006; Department of Education]

Dennoch ist eine Grundschulbildung relativ flächendeckend gegeben, wodurch eine niedrige Analphabetenquote von 6,6% im Landesdurchschnitt erreicht wird. In Manila beträgt sie sogar nur 1%. Die ländlichen Regionen weisen eine Alphabetisierungsquote zwischen 85 und 95% auf. Allein auf Mindanao liegt die Analphabetenquote, bedingt durch die schlechten sozioökonomischen Bedingungen der Region, deutlich höher zwischen 10% und 30%! [NSBC]

Die Qualität der Schulbildung ist großen Schwankungen unterworfen. Unterdurchschnittlich qualifizierte, schlecht bezahlte Lehrkräfte, überfüllte Klassenräume – oftmals ohne Strom, Zu- oder Abwasser – und fehlende Infrastruktur prägen das Bild der staatlichen Schulen. Die Vorraussetzungen der privaten Schulen sind sehr viel besser. Doch diese verlangen Gebühren, die nur von wohlhabenden Familien getragen werden können. [REESE, 2006].

Die räumliche Verteilung der High Schools (ca. 8000) ist sehr stark beschränkt. Oftmals findet man sie nur in größeren Gemeinden. Colleges gibt es ohnehin nur in mittelgroßen Städten, für deren Besuch als Bildungskosten neben Schulgeld dann auch Miete und Lebenshaltungskosten anfallen. Die Hochschulen weisen einen überwiegend allgemeinen, akademischen und literarischen Bildungsstandard auf, welcher noch aus der elitären Bildung der Kolonialzeit stammt. Dieser Generalismus ist jedoch nicht in der Lage die Arbeitsmarktnachfrage für Ingenieure oder Agrartechniker zu befriedigen. Die Absolventen verlassen die Universität oftmals in den überfüllten Markt der überqualifizierten Büroangestellten. [REESE, 2006]

Somit ist festzuhalten, dass gute Bildung, also die Grundlage einer sozialen und gesellschaftlichen Positionierung, eine Frage des Geldes ist. Der Versuch, die eigene Armut mit guter Ausbildung zu überwinden scheitert häufig. Kinder armer Eltern machen aus Geldmangel kaum College Abschlüsse und verlassen oftmals verfrüht die Grundausbildung nach nur 4-6 Jahren (über 50%), um dem familiären Auskommen auszuhelfen. Die Chancen aus der eigenen Schicht aufzusteigen sind für arme Kinder sehr gering. Dennoch gibt es kaum ein anderes Land, welches einen so großen Teil seiner Haushaltsausgaben für die Bildung aufwendet.

3.1.2 Medizinische Versorgung

Die medizinische Versorgung auf den Philippinen wird von der WHO als besorgniserregend angesehen. Auf den Philippinen werden nur 2,9% statt den von der WHO empfohlenen 4,5% des BIPs für Gesundheitsleistungen aufgewendet. Im Jahre 2002 wurden nur 39% dieser Gesundheitsausgaben durch den Staat finanziert. Die staatliche Krankenversicherung „Philhealth" erstattet nur einen Anteil bestimmter Grundleistungen. Meist müssen über 2/3 der Kosten für medizinische Behandlungen aus eigener Tasche erstattet werden. [WHO; REESE, 2006]

Die meisten Krankenhäuser befinden sich in Metro Manila, den benachbarten Regionen Südtagalog und Zentralluzon sowie in Davao und Cebu. Insgesamt gibt es auf den Philippinen 1.838 Krankenhäuser, davon 1.136 Private (Stand 2005). Auf 1.000 Menschen kommen durchschnittlich 1,2 Ärzte (Deutschland 3,7). [Welt in Zahlen, NSBC]

In Tab. 2 sind die staatlichen und privaten Kliniken nach Region aufgelistet. Daraus lassen sich große regionale Disparitäten bezüglich ihrer Verteilung ersehen. Dennoch lässt sich eine positive Entwicklung hinsichtlich der Anzahl an Kliniken beobachten. So wurden innerhalb von 2 Jahren 119 neue Kliniken eröffnet.

Tab. 2: Staatliche und private Kliniken nach regionaler Verteilung

Staatl. Kliniken 2003

REGION	HOSP.	BEDS
PHILIPPINES	662	45305
Ilocos Region	37	1820
Cagayan Valley Region	37	1561
Central Luzon Region	53	3354
Southern Tagalog Region	97	4267
Bicol Region	49	2391
Western Visayas Region	53	2995
Central Visayas Region	60	3212
Eastern Visayas Region	49	2015
Western Mindanao Region	25	1534
Northern Mindanao Region	30	1595
Southern Mindanao Region	18	650
Central Mindanao Region	23	1005
National Capital Region	54	15975
Cordillera Administrative Region	30	1281
A R M M	12	530
C A R A G A	35	1120

Private Kliniken 2003

REGION/PROVINCE/CITY	HOSP.	BEDS
PHILIPPINES	1057	39456
Ilocos Region	84	1914
Cagayan Valley Region	45	830
Central Luzon Region	137	3637
Southern Tagalog Region	177	5634
Bicol Region	72	1604
Western Visayas Region	19	1903
Central Visayas Region	46	3326
Eastern Visayas Region	27	652
Western Mindanao Region	40	1034
Northern Mindanao Region	65	2016
Southern Mindanao Region	93	2824
Central Mindanao Region	72	2002
National Capital Region	129	10820
Cordillera Administrative Region	20	565
A R M M	6	93
C A R A G A	25	602

Quelle: Philippines Department of Health, eigene Modifikation

Die staatlichen Kliniken sind oftmals sehr schlecht ausgestattet. Es fehlt an qualifiziertem Personal, medizinischer Ausrüstung und Medikamenten – welche auf Grund der fehlenden Pharmakonzerne auf den Philippinen ohnehin sehr teuer sind. So sind Patienten oftmals gezwungen die privaten Kliniken aufzusuchen und müssen mit den doppelten oder dreifachen Kosten rechnen. Laut Department of Health kostet eine durchschnittliche Behandlung im öffentlichen Krankenhaus ca. 10.000 Peso. Dieser Betrag übersteigt sehr häufig das Monatseinkommen einer ganzen Familie. [REESE, 2006; DOH]

Die medizinische Versorgung in den ländlichen Regionen wird durch zahlreiche „Barangay Health Stations" und „Rural Health Units" aufrechterhalten. Jedoch sollte man nicht erwarten, dort von einem promovierten Mediziner behandelt zu werden. Diese Posten stellen nur eine Grundversorgung bezüglich Geburtshilfe oder akuter Schmerz- und Unfallbehandlungen, sowie medizinische Beratung und Information zur Verfügung. Dennoch sind sie für einen Großteil der Bevölkerung die einzige medizinische Versorgung innerhalb ihres Budgets. Immerhin gibt es auf den Philippinen 15.436 Barangay Health Stations und 2.266 Rural Health Units, [NSBC, 2005] was eine flächendeckende Ausstattung medizinischer Grundversorgung darstellen sollte. Leider waren hier keine Zahlen bezüglich der räumlichen Verteilung vorhanden.

Somit ist – wie Eingangs schon angedeutet – die gesundheitliche Versorgung besorgniserregend. Krankheiten wie Tuberkulose und Lungenentzündung stellen die häufigsten Todesursachen dar. Noch immer sterben fast 59.000 Säuglinge im ersten Lebensjahr und fast 80.000 Kinder vor ihrem fünften Lebensjahr, was vor allem auch an der schlechte Ernährungssituation von Kindern liegt. [WHO, Stand 2005]

3.1.3 Wasserversorgung

Seit Beginn der neoliberalen Wende wurden staatliche Unternehmen und Dienstleistungen weltweit privatisiert. Dahinter steckt eine Reaktion auf die von Schuldenzahlungen überlasteten Kassen der ärmeren Länder der Erde. Wie ein Mantra gehört Privatisierung – im Verbund mit Deregulierung, Liberalisierung und Weltmarktöffnung – seit jeher auch zu den zentralen Auflagen, die Ländern des Südens im Rahmen von Strukturanpassungsprogrammen durch IWF und Weltbank gemacht wurden und werden. Leere öffentliche Kassen infolge von hohen Schuldendiensten und mangelnden Steuereinnahmen zwingen diese Länder, die Infrastruktur und öffentliche Dienstleistungen zu privatisieren. [REESE, 2006]

So auch auf den Philippinen. Doch fehlende oder schlecht organisierte Regulierungsbehörden können eine Übernahme ehemals staatlich geführter Unternehmen durch Eliten im eigenen Land und der damit verbunden Monopolisierung und einseitigen Vorteilswirkung kaum entgegen wirken. In den folgenden Abschnitten möchte ich dies am Beispiel der Wasserversorgung Manilas beleuchten.

Im Jahre 1997 wurde die öffentliche Wasserversorgung von Manila privatisiert. Innerhalb der Ausschreibung wurden folgende Ziele formuliert.

- Hundertprozentige Wasserversorgung innerhalb von 10 Jahren (1997 lag sie bei 67%)

- Wasser rund um die Uhr verfügbar zu machen

- Aufbau eines Abwassersystems mit 80 %iger Deckung nach 25 Jahren (1997 lag sei bei ca. 8%)

- Keine reale Steigerung des Wasserpreises

Die Firmen „Manila Water" und „Maynilad" bekamen den Zuschlag für das Projekt. Anfangs gestaltete sich die Privatisierung als erfolgreich. Der Produktionsprozess der Wasserversorgung erfuhr eine enorme Effizienzsteigerung. Inklusive Subventionierung konnten die Preise um über 50% gesenkt werden. Damit einher ging allerdings eine große Entlassungswelle. Rund 60% der Arbeitsplätze gingen verloren. Inzwischen scheinen viele Bewohner Manilas an das Zuwasser-System angeschlossen. Die Angaben schwanken jedoch je nach Quelle enorm zwischen 70% und 90%. [NSBC; WHO; GTZ; www.menschenrecht-wasser.de; REESE, 2006; www.manilawater.com] Für viele Slumbewohner hat sich die Versorgung mit Trinkwasser jedenfalls enorm verbessert, falls sie sich die Installationskosten von 100.000 Peso leisten konnten. Weiteren Kosten von ca. 600 Peso/Monat kommen hinzu und sollten diese nicht umgehend beglichen werden, wird der Wasserhahn vom Versorger abgedreht und die Familien müssen sich wieder an die teuren Wasserhändler wenden, die mit ihren Tankwagen die Stadt durchqueren.

Inzwischen liegen die Wasserpreise nach mehrfacher Erhöhung bei Maynilad um ca. 60%, bei Manila Water um ca. 200% über dem Niveau vor der Privatisierung [REESE, 2006]. Eine Konkurrenz der beiden Firmen besteht nicht, da die Versorgungsgebiete geteilt wurden. Als Grund für die ständigen Preiserhöhungen werden hohe Geschäftsverluste genannt. Die Betreiber drohen regelmäßig mit Einschränkungen der vertraglich zugesagten Leistungen, sollte die Regulierungsbehörde den Anträgen auf Preiserhöhung nicht stattgeben. Doch auch wenn enorme Verluste zu beklagen sind, haben die Multi-Sektor Konzerne wie Ayalas oder Lopezes (Inhaber von Maynilad bzw. Manila Water) ein unmittelbares Interesse daran, die öffentlichen Versorgungsunternehmen zu kontrollieren, denn es kommt ihren weit verzweigten Immobiliengeschäften und -projekten zu Gute. [www.menschenrecht-wasser.de]

Leider ist es mir auf Grund fehlender Informationen nicht möglich, über die Wasserversorgung der ländlichen Gebiete zu berichten. Viele Non-Governmental Organisations (NGOs) sind damit beschäftigt, die Wasserversorgung zu verbessern und nachhaltige Versorgungsprojekte anzukurbeln, ließen aber leider keine genaueren Einblicke zu. Auf der Homepage http://earthtrends.wri.org fand ich eine Angabe, nach welcher die ruralen Gebiete der Philippinen zu 77% Zugang zu einer „improved water source" haben. Die Definition dieses Begriffes ließ sich leider nicht recherchieren.

3.2 Private Dienstleistungen

3.2.1 IT-Services

Im IT-Sektor sehen die Philippinen ihre wirtschaftliche Zukunft. Dazu zählen Kommunikation, Outsourcing und Software-Entwicklung. Der Call-Center-Sektor gilt als der am stärksten wachsende Dienstleistungszweig. Die Call-Center begannen ab dem Jahr 2000 wie Pilze aus dem Boden zu schießen. 2004 konnte der Sektor ein 100%iges Wachstum verzeichnen, Tendenz steigend. Vor allem amerikanische Firmen platzieren ihre Call-Center in Manila, weil auf den Philippinen das beste Englisch in ganz Asien gesprochen wird und die Lohnkosten sehr gering sind. Das Department of Trade and Industrie gibt sich liberal und weltoffen. „The Philippines is located right in the heart of Asia - today the fastest growing region. (...) An open economy allows 100% foreign ownership. (...) Incentive packages include the corporate income tax, reduced to a current 32%, with companies in the Special Economic Zones are subject to only 5% overall tax rates." [Department of Trade and Industry, Philippines] Es herrscht also ein gutes Investitionsklima für Unternehmen aller Welt. Niedrige Steuern – vor allem in den Freihandelszonen - ein hohes Angebot an Arbeitnehmern und eine gewisse kulturelle Nähe zum ehemaligen Kolonialherrn lassen die Philippinen als echte Alternative zum rasant wachsenden Indien erscheinen. [REESE, 2006]

Exkurs: Freihandelszonen:

117 Export Processing Zones (EPZs) sind über das ganze Land verteilt. Ca. 50% davon um Manila. 88 weitere Zonen sind in Planung. Im Jahr 2000 gingen 81% der Auslandsdirektinvestionen in die EPZs. Insgesamt werden dort 80% des gesamten Exports (38 Milliarden US$) produziert. Unternehmen sind dort bis zu 8 Jahren ohne Gewerbesteuer. Die Lohnnebenkosten betragen nur 5 % des Einkommens. Es gibt keine geregelten Arbeitszeiten und kaum soziale Einrichtungen. Gewerkschaftsverbände können untersagt werden. NGOs beklagen häufig Menschenrechtsverletzungen.

Quelle: REESE, 2006; Philippines Economic Zone Authority (PEZA)

Jobs in den Call-Centern sind sehr beliebt. Allerdings benötigt man einen College Abschluss und muss fließend Englisch sprechen. Wie im Abschnitt 3.1.1 schon hinreichend erläutert steht diesem Jobwunsch also einiges im Wege, falls man in ärmeren Verhältnissen aufwächst. Dennoch, die Philippinen bringen jährlich knapp 400.000 College Absolventen hervor, für welche dieser Arbeitsmarkt sehr lukrativ ist. Die Beschäftigung im Call-Center wird mit einem Anfangsgehalt von 200-280 US$ monatlich vergütet. Damit kostet er nur knapp ein Fünftel seines amerikanischen Kollegen. [TAZ 12.11.2005]

Der Boom innerhalb der IT Branche kommt aber fast ausschließlich der Metro Manila zugute. Ländliche Regionen profitieren davon nicht im Geringsten, vor allem weil der größte Teil der Profite ins Ausland abfließt und nicht im eigenen Land reinvestiert wird. Durch den zusätzlichen Wachstumsfaktor für die National Capital Region (NCR) ist weiter zu erwarten, dass der Brain-Drain in Richtung Manila zunimmt.

3.2.2 Tourismus

Der in den letzten Jahren wieder stark gewachsene Tourismus konzentriert sich -
ebenso wie das verarbeitende Gewerbe und auch viele Zweige des tertiären Sektors
– auf die NCR und verstärkt somit die Primatstellung Manilas. Dennoch sehen die
Philippinen im Tourismus einen Wachstumsfaktor, der vor allem den peripheren
Gebieten zukommen soll. Jedoch erfuhr der „Tourism Development Plan" in den
letzten Jahrzehnten zu viele Umschwünge. Die Entwicklungspfade wurden während
der politischen Umschwünge des Landes immer wieder in zu Gunsten der jeweiligen
Regierungspolitik geändert. [VORLAUFER, 1996]

1973 wurden erstmals acht „Tourism Priority Areas" (TPA) festgelegt, für die der
Staat eine verstärkte Förderung des Tourismus ankündigte. Auch Manila wurde als
TPA ausgewiesen. So entstanden im Hinblick auf die 1976 in Manila statt findende
Weltbanktagung in nur wenigen Jahren 14 Hotels der oberen Klasse.
Überkapazitäten im Hotelgewerbe sind bis heute die Folge. In den folgenden Jahren
wurden die Fördergebiete immer wieder verändert, wodurch die stete touristische
Entwicklung der peripheren Räume enorm eingeschränkt wurde. 1993 wurde in
Zusammenarbeit mit der World Tourism Organization ein bis zum Jahre 2010
laufender Tourism Master Plan entworfen, dessen Umsetzung unter Schaffung der
entsprechenden juristischen und infrastrukturellen Vorraussetzungen in allen
Regionen eingeleitet wurde. Dabei orientiert sich der Plan an Kriterien der
Nachhaltigkeit für Wirtschaft, kulturelle Identität und Umweltverträglichkeit des
Tourismus. Man setzt vor allem auf eine zielgruppenorientierte Vielfalt der
touristischen Angebote und eine Streuung der touristischen Aktivitäten auf bestimmte
Cluster innerhalb der Reichweite internationaler Flughäfen. In Abb. 1 wird das
großräumige Muster der touristischen Entwicklungsplanung für die Jahre 1993-2010
gezeigt. [VORLAUFER, 1996]

Abb. 1: Karte des touristischen Entwicklungsplans

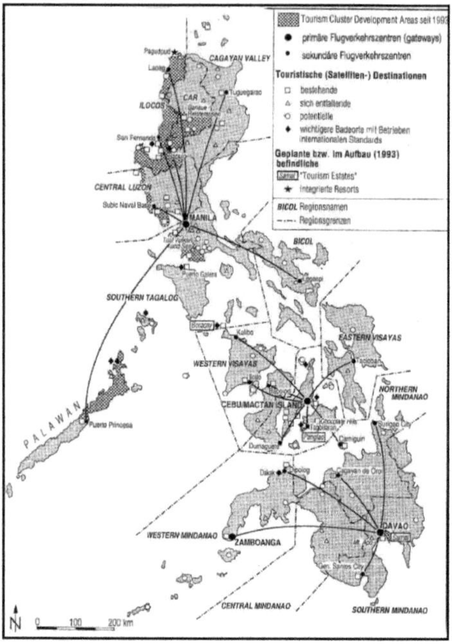

Quelle: VORLAUFER, 1996

Innerhalb der drei Cluster (Manila, Cebu City, Davao) werden den fünf sogenannte „Pilot Sattelite Destination Areas" die größte Aufmerksamkeit zugesprochen. Eine infrastrukturelle Mindestausstattung war bei der Auswahl der Region Vorraussetzung. Die Aufgabe des Staates beschränkt sich bei der strategischen Umsetzung im Wesentlichen auf die rechtsverbindliche Flächennutzungsplanung und auf infrastrukturelle Maßnahmen. Im Rahmen der Ausweitung des Tourismus wurden viele neue Ressorts in den verschiedenen Landesteilen geschaffen, welche nicht an einer Massenabfertigung orientiert sind, sondern sich zumeist sanft in ihre Umgebung einpassen. Selbst auf der boomenden Insel Boracay ist es gelungen, die „Betonbunker" des Pauschaltourismus fernzuhalten und somit viele ökologische und soziokulturelle Negativeffekte des Massentourismus zu mildern. Die meisten Ressorts auf den Philippinen liegen in einer Größenklasse zwischen 1 und 30 Gästezimmern, wie in der folgenden Tabelle gezeigt wird. [VORLAUFER, 1996]

Tab. 3: Zahl und Größenstruktur der Ressorts auf den Philippinen

Größenklasse (Gästezimmer)	Betriebe		Gästezimmer	
	absolut	[%]	absolut	[%]
1	2	3	4	5
bis 10	22	23,4	184	7,0
11– 20	24	25,5	378	14,5
21– 30	19	20,2	491	18,8
31– 50	16	17,0	593	22,7
51– 75	7	7,4	427	16,3
76–100	5	5,3	438	16,7
>100	1	1,1	104	4,0
Gesamt	94	100	2615	100

Quelle: VORLAUFER, 1996

Insgesamt dominieren kleinbetriebliche Strukturen das touristische Bild in der Peripherie und dank des frühen Engagements der Einheimischen im Fremdenverkehrsgewerbe ist heute die Mehrheit der Betriebe im Eigentum der ansässigen Bevölkerung. Somit spielt der Tourismus auf regionaler und lokaler Ebene eine bedeutende Rolle für das Auskommen der Bevölkerung. [VORLAUFER, 1996]

Leider war die Datenlage für eine Betrachtung in Zahlen nur unzureichend vorhanden. Weder ließ sich feststellen, wie hoch der Anteil des Tourismus am BIP ist, noch wie sich dieser Anteil auf die verschiedenen Regionen der Philippinen verteilt. Dennoch bleibt festzuhalten, dass das sozioökonomische Stadt-Land Gefälle in Regionen mit touristisch genutztem Potential geringer ist.

4 Ausblick

Die Philippinen sind ein Land mit enormen sozialen und räumlichen Disparitäten, welche sich überall im Land manifestieren.

Ohne eine wirksame Agrarreform, bei welcher der Boden endlich in Besitz der Familien übergeht, wird sich die Ernährungs- und Wirtschaftslage der Landbevölkerung kaum verbessern. Eine intensive touristische Erschließung des ländlichen Raumes könnte zwar das Stadt-Land Gefälle etwas abpuffern, würde jedoch dann Gefahr laufen, zu einem ökologischen und kulturellen Problem zu werden.

Die metropolen Regionen um Cebu City, Davao und vor allem Metro Manila stellen die wirtschaftlichen Motoren des Landes dar. Wirtschaftliche Liberalisierung bringt zwar Devisen in die Haushaltkassen, führt aber oftmals auf Grund fehlender Regulierungen zur Verschärfung der sozialen Ungleichheiten. Die Privatisierung ehemaliger staatlicher (Versorgungs)Bereiche birgt die Gefahr einer Monopolisierung. Das marode Bildungs- und Gesundheitswesen bedarf dringend einer endogenen Aufwertung und einer Politik, welche die sozial schlechter gestellten Teile der Bevölkerung unterstützt. Eine Erhöhung der Lohnnebenkosten könnte zwar solche Vorhaben unterstützen, würde aber die Attraktivität des Landes gegenüber ausländischen Investoren mindern. Langfristig gesehen ist dies meiner Meinung nach aber eine vielleicht notwendige Maßnahme, um vielen Problemen des Landes entgegen zu treten.

5 Literaturverzeichnis

Literatur:

REESE, Niklas; WERNING, Rainer (Hrsg):Handbuch Philippinen. Gesellschaft, Politik, Wirtschaft, Kultur. Bad Honef. 2006

VORLAUFER, Karl: Tourismus auf den Philippinen. Determinanten der Verschärfung oder Milderung regionaler Disparitäten in einem Archipelstaat? In: Petermanns Geographische Mitteilungen. Band 140. 1996. S. 131-160

TAZ, Die Tageszeitung: Leben im Call Center. 12.11.2005

Weiterführende Lieratur:

BUCHHOLZ, Helmut: Die chinesische Händlerminorität in den Philippinen. In: Zeitschrift für Wirtschaftsgeographie. Band 38.1994. S.141-151

FROMHOLD-EISEBITH, M.:Multinationale Unternehmen aus asiatischen Schwellenländern. Räumliche Muster und Expansionsstrategien. In:Geographische Rundschau. Band 53. 2001. S. 32-37

RUTTEN, R.: The Rise of provincial entrepreneurs in Philippine Crafts. In: Zeitschrift für Wirtschaftsgeographie. Band 36. 1992. S. 165-174

Weltentwicklungsbericht 2004

Internetquellen:

2006 Index of Economic Freedom: www.heritage.org

Auswärtiges Amt: www.auswaertiges-amt.de

Department of Education, Philippines: www.deped.gov.ph/

Department of Health, Philippines: www.doh.gov.ph/   .

Department of Social Welfare and Development, Philippines: www.dswd.gov.ph/

Department of Tourism, Phillipines: www.tourism.gov.ph

Department of Trade and Industry, Philippines: www.dti.gov.ph

Earth Trends, Environmental Information: http://earthtrends.wri.org/

Gesellschaft für technische Zusammenarbeit: www.gtz.de

Manila Water: www.manilawater.com

MenschenRechtWasser: www.menschen-recht-wasser.de

Ministerium für wirtschaftliche Zusammenarbeit und Entwicklung: www.bmz.de

National Statistical Coordinations Board: www.nscb.gov.ph

National Statistics Office: www.census.gov.ph

PEZA: www.itcilo.it/english/actrav/telearn/global/ilo/frame/epzppi.htm

Socialwatch: www.socialwatch.org

The World Bank: http://www.worldbank.org/

Welt in Zahlen: www.welt-in-zahlen.de

World Trade Organisation: http://www.wto.org/

World Health Organisation: www.who.int/en/

www.geogr.uni-goettingen.de/kus/apsa/pn/pn14/pn14-s.15-18.pdf

www.nationmaster.com